LOCUS

LOCUS

LOCUS

LOCUS

touch

對於變化，我們需要的不是觀察。而是接觸。

touch 59

匠人精神：一流人才育成的 30 條法則

一流を育てる——秋山木工の「職人心得」

作者：秋山利輝

譯者：陳曉麗

文字協力：黃友玫

責任編輯：邱慧菁

封面設計／內頁設計：nicaslife

法律顧問：董安丹律師、顧慕堯律師

出版者：大塊文化出版股份有限公司

台北市 105022 南京東路四段 25 號 11 樓

www.locuspublishing.com

讀者服務專線：0800-006689

TEL：(02) 87123898　　FAX：(02) 87123897

郵撥帳號：18955675　　戶名：大塊文化出版股份有限公司

總經銷：大和書報圖書股份有限公司

地址：新北市新莊區五工五路 2 號

TEL：(02) 89902588 (代表號)　　FAX：(02) 22901658

製版：瑞豐實業股份有限公司

初版一刷：2015 年 3 月

初版十一刷：2021 年 8 月

定價：新台幣 220 元

Printed in Taiwan

匠人精神

一流人才育成的30條法則

家具職人、秋山木工代表
秋山利輝 著

目錄

匠人須知三十條

推薦序

全心全意投入，終有修成正果的一天

嚴長壽

在這個一味講求速效、刺激，追求創意、美學的現代社會裡，能夠看到秋山利輝先生以八年時間訓練一名一流家具匠人的種種精神、觀念與做法，實在令人萬分驚豔、佩服不已！

日本對於工匠傳統的承襲與執著的精神，可以說是早早就深植於社會的普遍價值。近年來受到西方社會追逐快速成效的大環境影響，難免也看到日本正在逐漸迷失中。值此時刻，竟可看到這樣一股力量的再延續，除了讚嘆之餘，更讓人不禁感到這正是台灣目前最需要、也最欠缺的職人精神——一種由文化自信轉換而成的堅持與執著。

電影《一代宗師》裡有句話：「功夫是什麼？就是時間。」目前台灣的社會，許多人拚命考取證照、參加比賽，希望獲取名聲與掌聲，卻不願意從頭老老實實地蹲好每一個馬步，從平地起高樓、聚沙成塔。真正的成功，是從最不起眼、最基本的開始反覆練習，才能打好最堅實的基底能力。

在秋山先生所創立的「八年育人制度」裡，我看到了台灣失之已久的「師徒制度」活生生、淋漓盡致地發揮了強大的力量與迴響；更在秋山先生首重學徒品格與心性的鍛鍊中，看到嚴格執行學徒一律剃度光頭，讓學徒展現堅定的決心與專心一志的做法，是多麼地難能可貴！

「世界愈快，心則慢！」這句時下人人朗朗上口的廣告文句，也正反映出台灣必須靜下心來尋找自己的優勢，回到基本面，去做對的事情。當每一個人都願意慢慢穩紮穩打，腳踏實地以愚公移山的堅持，發動來自內在的力量，以一種近乎禪人的修持，不輕看自己，不受外境干擾，全心全意投入，終會有修成正果的一天。

而正值台灣重新檢討技職教育的當下，這本書無疑及時地給了我們最真實、也最懇切的提醒！

（本文作者為公益平台文化基金會董事長）

前言
一流的匠人，人品比技術更重要

秋山利輝

我是神奈川縣橫濱市都筑區「秋山木工」的經營者，從事訂製家具製作業務。我們是一家小企業，現有員工三十四人，年銷售額十億日元左右。「秋山木工」為客戶提供可使用一百年、兩百年的家具，全部由擁有可靠技術的一流家具工匠親手打造。

在秋山木工，經常有來自日本全國，甚至海外的著名企業經營者或幹部來我們工房參觀；此外，每天也都會接到演講、上電視的邀請或採訪要求。除了企業，還有來自政府機關、教育機構、醫院和警察單位等各行各業的人來找我諮詢。

人們之所以對我們如此關注，是因為秋山木工「培養一流人才」的方式，受到社會各界青睞的緣故。

為了把年輕學徒培養成一流家具工匠，秋山木工制定了一套長達八年的獨特人才培養制度。年輕學徒要在八年的時間裡，做好成為一名工匠的心理建設，培養正確的生活態度、基本訓練、工作規劃、知識和技術等成為一名合格工匠所須的一切，從第九年開始獨立出去打天下。

我相信「一流的匠人，人品比技術更重要」，所以在每天的學習中，不僅磨礪學生們的技術，更注重錘鍊他們的人品。如果人品達不到一流，無論掌握了多麼高超的技術，在秋山木工也不承認他是真正的匠人。

有人曾質疑秋山木工這樣要求太嚴格了，但我覺得，既是「一流」，就應該和平庸之輩有著明顯的區別，所以人品達不到一流是絕對不行的。而且，沒有「超」一流的人品，單憑工作打動人心，是不可能做到的。

迄今為止，我花了近四十年的時間孜孜不倦地培養人才，目的是為了培養出真正的一流匠人，將屬於「日本一流」送往全日本、甚至全世界。我希望透過家具讓人們感動，透過「秋山製造」讓世人了解日本人的優秀之處，讓世界變得更美好。

本書向大家介紹的「匠人須知三十條」，是我們獨特的人才培養制度的核心內容。這「三十條」守則濃縮了培養一流匠人，即一流人才的基本要素。

這些內容不只是針對家具工匠，我們認為也能對商人、學校老師，以及世上必須和人接觸而生存的所有人帶來裨益。衷心期盼這本書，能對各位的工作和人生有所幫助。

—序章—

有一流的心性，必有一流的技術

培育一流匠人

在四十四年前的一九七一年，當時我二十七歲，創立了製作訂製家具的「秋山木工」。我在二十六歲時，已經開始接受為日本皇居製作家具的任務了。就在作為一名家具工匠最輝煌的這個時期，我辭去了原來工房的工作，出來創業。

剛開始創業時，我只接到一些規模比較小的工作，但經過一番鍛鍊並堅持下來以後，漸漸地就開始接到一些比較大的工作了。

如今，從日本宮內廳（負責掌管天皇與皇室事務）、迎賓館、國會議事堂、高級大飯店、百貨公司、名牌精品店、美術館、醫院，乃至於一般家庭，向我們訂購家具的客戶各式各樣、不一而足。

創業之初，整間公司加上我只有三名員工，現在加上總公司辦公室，成長為共有三十四人的工房。我在創業之初，就決心要培養一流的匠人，親手打造製造業界的超級明星。

「既然創立了公司，就要讓它成為能夠持續發展的百年企業。但是，如果不培養有益於社會、有益於他人的一流人才，企業是無法維持那麼久的。」

就這樣，當時只是二十多歲年輕小夥子的我，竟不可思議地對創業充滿了信心。那是為什麼呢？因為當時一九七〇年代，正值日本經濟高速成長之時，那時在家具業界「組合式家具」（color box）開始普及，很多客人都覺得這種便宜又方便的家具很好。

但那時的家具工匠，沿襲了過去的作風，都非常不好伺候，個個自以為了不起，所以工作量漸漸就少了起來。客人也不會特地花大錢，去拜託不好惹的工匠工作。雖然有人說工匠有所堅持、頑固是好事，但並非所有人都這麼認為。

「如果不能培養出讓客戶滿意、屬於二十一世紀的新工匠，就無法生存下去」，「二十世紀的舊工匠遲早會消失」，這些想法就是我當初對創業充滿信心的依據。

屬於二十一世紀的新工匠，應該是懂得關心他人、知道感恩、能為別人著想的人，是能夠說「好的，明白了。請交給我來做」的人，也就是擁有一流人品、「會好好做事」的匠人。

獨特的匠人研修制度

秋山木工制定了獨特的「匠人研修制度」。

年輕的見習者稱為「丁稚」（學徒），透過住宿舍過集體生活，培養基本生活習慣，並學習正式的木工技術。

江戶時代的製造業界，採取徒弟住在師傅家裡勞動的學徒制度。在關東，人們稱呼學徒為「坊主」或「小僧」，關西則稱作「丁稚」。他們在和師傅一起生活的過程中，學習技術和品行，最後成長為能夠獨當一面的真正工匠。

我出生在奈良縣明日香村，在大阪度過了居於人下的學徒時光。年輕時所經歷的學徒制度，後來成了秋山木工「工匠研修制度」的藍本。

說起來，我是在學徒制度快要消失的時代，趕上了學徒世界的最後一班列車，繼承了和師傅親密接觸傳承技藝的基因。

在秋山木工，凡是希望成為家具工匠的人，首先要進秋山學校完成整整一年的學徒見習課程。

秋山學校是一所寄宿制學校，目的是要培養學員具有真正工匠的心性和基本生活習慣，透過實習和研修讓學員好好學習基本知識。學費全免，並針對全體學員設有不須償還的獎學金制度。

一年的學徒見習課程結束後，才能被錄用為正式學徒，然後開始為期四年的基本訓練、工作規劃和匠人須知的學習。

經過四年的學徒生涯，唯有在技術和心性方面磨練成熟者，才能被認定為工匠——我會發給他們每人一件印有姓名的「法被」（日式短上衣）。從那時（第六年）開始到第八年的三年間，他們作為工匠，一邊工作，一邊繼續學習。

秋山學校學員一年，加上學徒四年、工匠三年，合計八年的時間。在這段期間，作為一名合格工匠所應具備的全部素質已經養成，從第九年開始，我就讓他們獨立出去闖蕩世界了。

每個人獨立的方式都不同，由他們自己選擇。有的在企業集團內部工作，有的進入其他工房繼續深造，有的則是回到家鄉自己創業，還有些成為自己就是一個活躍於世界各地、到處都通用的品牌。

讓八年育成的匠人獨立的理由

也許是因為我經常被邀請上電視的緣故，近十年來，每年秋山木工打出招聘資訊，總會有超過計劃聘用人數十倍以上的應聘者前來應徵，其中甚至有畢業於兩所知名大學的年輕人。以前即使我想找人，連高中裡負責畢業生就業的老師都不理我。

因為我把好不容易培養出來的人才，在八年後都讓他們出去獨立了，所以工房每逢員工新舊交替時，營業額就要下滑一大截，甚至還有不小的一筆負債。

那麼，為什麼不好好利用好不容易培養出來的人才為公司賺錢，卻放手讓他們離開呢？關於這個問題，周圍有很多人一直罵我傻，但我這麼做自有我的理由。

若是一直待在我的手下，他們終究只能在秋山木工一展身手；而我的任務是培養能造福社會的匠人，他們必須為大家提供能使用幾十年，甚至幾世代的真正家具，所以我不能將他們當作私有財產，充當自己的分身為我工作。

而且進入工房八年後，這些學徒們大多處於二十五歲到三十歲的成長旺盛期，此時想讓他們成長為一流的匠人，就必須讓他們到新環境中去磨練，所以我希望他們離開工房自己獨立。

在我二十七歲創立公司之前，也曾先後在四家工房工作過。每到一家新公司，我都能受到外界刺激，學會以前不會的新技術，薪資也慢慢調漲。

碰到工匠辭職，秋山木工總是盡可能地提供幫助。如果他們進入其他工房，我會幫他們選擇能有助於成長的去處。由於秋山木工的工匠技術高、人品好，所以到處都非常受歡迎。

到目前為止，已經有五十多位工匠，離開秋山木工出去自立了。他們作為家具工匠，活躍在日本全國各地，有的還在國外大展身手。現在只要我打聲招呼，這些獨立出去的工匠們，隨時隨地都會來幫我，我們已經形成了一個強大的互助網絡。看到他們的事業成功，就是我最大的快樂。

學徒制是培育一流人才的藍圖

只要反覆練習，任何人都能掌握一門技術，但心性卻無法透過這種方法進行提升。我之所以對似乎已過時的「學徒制」情有獨鍾，就是因為如此。我認為，只有透過集體生活，才能培養替人著想、關心他人的心，以及感恩的情感。其中，最重要的是孝心，不孝順的人也不能成為一流匠人。

直到昭和初期的時候，日本的大家庭還很普遍，和祖父母一起生活是理所當然的，兄弟姐妹也很多，一個屋簷下住了十幾口，是很常見的事。尊敬長輩、遵守規矩、照顧手足、維護和睦關係、遇到困難時互相幫助……這些教養在家庭中自然形成，因為如果只顧自己，就無法在人數眾多的家庭裡生活下去。

在這樣的家庭裡，教導禮儀是奶奶的工作。從筷子的舉起、放下，到與人寒暄、回話的方法等，過去即使是很小的孩子，在人前的行為舉止也都很大方得體。

然而，經過戰後經濟高速成長之後，日本開始步入小家庭時代。孩子變少的現代家庭，雖然有了隱私，但由於父母沒有接受良好的教養薰陶，當然也不可能給孩子充分的教養或家庭教育。此外，雙薪家庭變多了，沒有人好好糾正孩子的偏差和任性行為。

沒有經歷過集體生活的人，不會關心別人，也不會為他人付出。所以，一旦長大出社會，很多人就成為別人的困擾。

在中學畢業後，我因為偶然的機會，經歷了當時已將滅亡的「學徒制」。在五年集體生活中，我學到的，不只是家具製作技術，還有作為工匠應有的行為舉止。我之所以能有今天這樣的成就，都是托「學徒制」的福。

我自認為不是個聰明伶俐的人，在小學和中學時，我的成績總是「1」。但我並不是懶惰，小學和中學的九年間，我都是全勤，不過在教室經常被罰站。因為我姓秋山，點名總是第一個被點到＊。無論是國語課還是英語課，最先

＊秋山發音為Akiyama，A為五十音中第一個音，學校的姓名排序也是按照五十音，所以作者會在第一個。

被老師叫起來的總是我。但那時我還不識字，只能默不作聲，於是老師就讓我一直站著。又因為我家境貧窮，買不起紙筆，直到初中二年級，我才學會用漢字寫自己的姓名。

功課不好，那麼總該有其他方面的長處吧？比方說，跑得快，或者擅長音樂之類的？可惜的是，我中學畢業的時候，連跳箱都沒有跳過去，長跑也比別人整整慢了一圈，一點運動天賦也沒有。此外，我也不會畫畫，還笨口拙舌，這樣的我在十六歲時，竟然有機會能到大阪的木工廠上班，所以我尊敬師傅的一切，對師傅說的話言聽計從。

掌握一門專業技術，並不是一件容易的事。但我和師傅住在一起，二十四小時朝夕相處、一起吃飯睡覺，他的舉手投足我都看在眼裡。在如此奮力的學習期間，我就像吸水泡棉一樣，一點一點地吸收技術，本領也逐步提高。雖然我的師傅很嚴厲，但我認為他能傳授我們知識已屬難得，因此心生感激之情，也磨礪了自己的心志。

這樣的環境，不是自己想要就能夠遇上的，為此，我唯有感謝把我送上這條學藝道路的父母和周圍的親朋們。

也因如此，我要把自己的這些經歷，告訴現在的年輕人：想成長為一流的匠人，首先必須放下自己微不足道的自尊心，將師傅們所授予的知識順從地全盤接受，不如此便無法獲得成長。

除了技術之外，同時必須提升自己的心性，學會感恩。沒有誠實和感恩之心，人是無法獲得成長的。我還告誡徒弟們，如果你們不願意盡孝道，不能讓父母過得快樂，那麼將無法成為真正的一流匠人。

我經常反覆指導弟子們的生活態度，我「愛管閒事」、「臉皮厚」和「糾纏不休」，這些事不會輸給任何人。每個人都擁有成為一流人才的潛質，但如果沒有人反覆提點和指引，成才的種子就不會發芽。

秋山木工的評價標準，是技術四〇%、品行六〇%。我想培養的，不是「會做事」的工匠，而是「會好好做事」的匠人。所謂「會好好做事」，就是一心想要讓客戶滿意，而且擁有在發生意外事件時，能夠從容、自信解決問題的判斷力，同時具備能與客戶順暢交流的溝通能力，並且針對家具和材質等問題，無論面對什麼樣的客戶都能侃侃而談、如數家珍。要培養這樣「會好好做事」的匠人，學徒制是最好的方式。

和師傅及師兄弟們整天在一起，可以隨時觀察他們處理問題的方法，從而「偷學」他們的技術，師兄弟們之間也可以互相學習。當師傅親自示範時，看到的弟子們都同樣得到教益；這種教育模式，能把從技術到品行所有的一切都傳授給弟子。

我相信，有一流的心性，必有一流的技術。

進入工房的學徒，無論男女一律留光頭，並且禁止使用手機、談戀愛

想要進入秋山學校的人，要先接受十天的各項訓練，並且通過考試才能入學。訓練內容包括打招呼、自我介紹、泡茶、打電話等的方法，其中最重要的是要「能夠顧慮別人」，而關鍵就在於能否成為「能夠感動別人的人」。

秋山木工針對以成為工匠為目標的見習者和學徒，頒布了下列十條規則：

1. 不能正確、完整進行自我介紹者不予錄取

要不斷地練習，直到能在一分鐘之內，將自己的姓名、出生地、畢業的學校、家庭成員、八年畢業獨立之後的自我期許，以及為什麼要進秋山木工，還有將來的夢想等介紹清楚。

2. 被秋山學校錄取的學徒，無論男女一律留光頭

剃光頭是為了讓學徒們下定決心，要在往後五年的時間內，將全副身心投入學習當中；因為如果決心不夠，就無法堅持到底。

3. 禁止使用手機，只許書信聯繫

禁止使用手機和電子郵件，對外的聯絡方式以書信取代。書寫也是一種訓練，如果連給客戶的感謝信都不會寫，是不能勝任工作的。

4. 只有在八月盂蘭盆節和正月假期才能見到家人

在一年的學習期間內，只有在八月盂蘭盆節和正月，才有共十天的假。除了這些日子之外，即使父母來了也不准見面，因為精神鬆懈會妨礙學習。

木の道

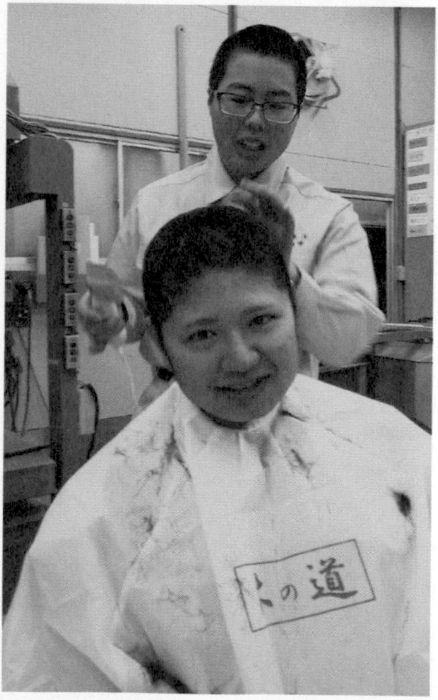

秋山木工
秋山木工

5. 禁止接受父母匯寄的生活費和零用錢

只有使用自己辛苦工作賺來的薪水，購買被稱為「工匠生命」的工具才會珍惜。如果用別人的錢購買很棒的工具，也不會有任何感動。

6. 研修期間，絕對禁止談戀愛

一旦發現有人談戀愛，立即開除。為了習得一生賴以生存的技藝，在五年學徒的期間，除了如何成為一流匠人之外，必須心無旁騖、專心學習。

7. 早晨從馬拉松開始

每天早晨，所有人都要跑馬拉松，花十五分鐘沿著街道跑一圈。透過這種方式，讓大家振作精神，同時培養集體意識。

8. 大家一起做飯，禁止挑食

準備飯菜和飯後收拾的工作，主要由入校第一、二年的弟子承擔。挑食的人往往也會挑工作、挑人，因此克服不喜歡的食物也很重要。

9. 工作之前先掃除

打掃街道、打掃廠區、清掃機械、清掃車輛、清掃倉庫。為了磨礪心志，工作之前先掃除。

10. 朝會上，齊聲高喊「匠人須知三十條」

為了讓學徒牢記一流的匠人是怎樣的，每天早上所有人一定要齊聲高喊「匠人須知三十條」。透過這種反覆朗誦，讓一流匠人的標準，滲透到他們的潛意識中。

如此一系列的嚴格訓練，都是為了將來成長為一流匠人所打的基礎。在年輕時的這八年學習，將成為一生的自我支柱。二〇一三年已經年滿七十歲的我，還在參加早晨的馬拉松、準備飯菜，以及進行大掃除等所有活動。因為我是社長，所以當然要以身作則。我始終和徒弟們在一起，如果出現了什麼問題，馬上便能發現。比方說，當我們一起吃飯時，我會注意他們的吃法，如果發現不妥，便會立刻指正。

我認為，徒弟們和我的家人一樣重要，所以就算是比較嚴厲的話，也要不斷地重複說，好讓他們成為出類拔萃的人。也許他們以後有機會和客戶一起進餐，所以必須懂得正確的用餐禮儀。平常我和徒弟們一起吃飯，就能夠及時提醒他

秋山木工

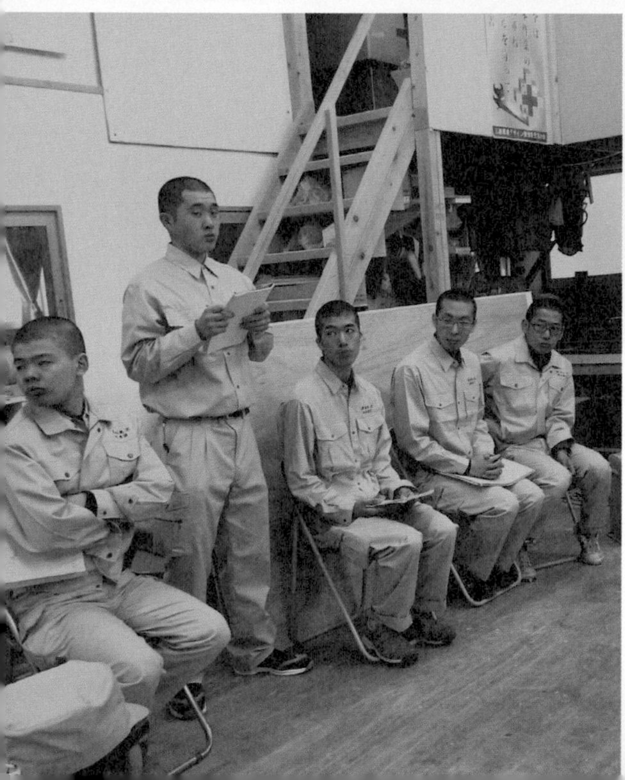

秋山木工
秋山利輝

們注意自己的吃法。

在打掃和跑馬拉松的活動中，我在與不在的情況也大不相同。那些猜想「今天社長也許不會來了」就鬆懈下來的人，多半是平時就偷懶的孩子。對於整天滿腹牢騷或發呆恍神的弟子，我一定會狠狠地修理。等他們漸漸醒悟，就會變得在任何時候，都能保持雷厲風行的作風了。我會堅持反覆提醒、不停指正，直到他們有所改變為止，因為這是我的職責。

我是真心想把他們培養成真正人才，才會這樣嚴厲地責備他們。也許孩子們的父母，對我的做法很反感，但只要是出於真心培養弟子，就能夠斥責他們，端看領導者是否具有這樣的決心。

剛開始的時候，有不少人對我提出質疑，認為現在已經沒人要跟從「學徒制」了。但是，卻有很多畢業於國立大學和知名私立大學的年輕人、已有社會經驗的年輕人，前來秋山木工應徵。

實際上，願意來我這裡拜師學藝的年輕人有很多，他們有的希望成為工匠、有的希望在工作中獲得感動、有的希望成為一個能讓顧客感動的人，還有些人想讓父母大吃一驚。

儘管有些人可能中途退學，但他們都是認真做到最後，才做出決斷。臨走前，他們說在秋山木工學到的經驗，一定能在今後的工作中發揮功用；有幸能在這裡學習，真是太好了！他們的父母也都為我能收留他們的孩子而表示感謝。因為我對他們是真心實意的，所以我們的心是相通的。

當然，如果只是一味嚴厲，就會讓現在的孩子敬而遠之，所以秋山木工每個月舉辦一次壽喜燒聯歡會，這已經成為慣例。讓大家就著一口鍋吃東西也是別有用意的，例如會說「你先吃」，自然形成互相謙讓的氛圍。有時，師兄會善意地拍一下師弟的腦袋說：「你把感冒傳染給我了！」這種場合為師兄弟們建立真正的兄弟般友好關係，提供了絕佳的機會。

在秋山木工，我就像是他們的父母，甚至是「祖父」一樣，每個人則有二十位以上的兄弟姐妹。如果彼此不能建立一種溫馨的信賴關係，遇到大事時，指令就無法傳達下去。

植下「一流之根」的「匠人須知三十條」

每天開始工作前是朝會。

「早安！」

「謝謝！」

從大聲練習基本寒暄開始，接著確認一天的工作計劃，然後全體一起高聲背誦「匠人須知三十條」。

所謂秋山木工的「匠人須知三十條」，講的是作為一名工匠的心理建設，全部以「進入作業場所前，必須成為……的人」的形式列出。

「進入作業場所」也就是「准許工作」的意思。具體來說，在美容室，那就是「准許給客人理髮」；換作醫生，就是「准許給人看病」；換作廚師，就是「准許為客人烹飪菜餚」；換作演員，就是「准許上臺表演」等，這樣轉換一下就容易理解了。

新員工一進公司，我就發給每人一份用毛筆抄寫在B4紙上的「匠人須知三十條」，讓他們熟記直到一字不差地背誦出來為止。

「匠人須知」，講求的是一個「心」字。

在全體學員都能夠熟背之後，我要求進公司一年的研修生們，思考我擬定的「匠人須知」，再加上他們的心得，也就是加上自己的「心」，這樣就能更深入地理解其中的真義。

制定「匠人須知三十條」起因於三十年前，也就是我建立工房第十三年的時候。那年工房招了人數最多的一批徒弟，總共八個人。「要怎麼把這些人培養成才呢？總得想個辦法才行……」，那時我反覆思考這個問題而徹夜難眠。突然間，我想起工房當月的標語，感覺就像是上天賜給我的話。

比方說，某年四月的大目標，是「全員同心協力，奮鬥到底」，為了達成這個大目標，又列出了若干小目標來執行。就像下列這樣：

1. 始終以一〇一％的力量來面對事物。

2. 透過掃除磨礪心性。

3. 感謝並尊敬父母，以及教我工作的師傅和工匠們。

秋山

4. 檢修工具，將它們變成自己的「手足」。
5. 理解工作內容，做好這一步，同時思考下一步。
6. 盡責完成排定的工作，讓客戶滿意。
7. 向顧客道謝致意。

像這樣提出大目標之後，再設下具體的小目標，大家各自去實踐完成。朝會時，所有人要齊聲朗誦這些大目標和小目標。

如此堅持了一年時間，無數的目標在我們手裡達成。大家發現當我們每天齊聲朗誦目標，並且持續付諸實際行動之後，自己也以驚人的速度成長。

我整理出這些標語，用好幾年的時間實踐，逐漸形成今天的「匠人須知三十條」。如果分析一下這三十條的內容，就會發現每一條都是從前長輩們所教導的基本道理。如果人們重視日本人固有的美德，就能磨練心性和品格，喚醒我們體內屬於日本人基因的某種精神。

秋山木工的弟子們，每天都要背誦「匠人須知三十條」。一天一遍，一年三六〇天，就是三六〇遍。弟子們在秋山學校學習一年，加上四年學徒和三年的工匠深造，總共要在秋山木工待上八年的時間。一天背誦一遍「匠人須知三十條」，三六〇遍乘以八年，就要背誦二八八〇遍。

不斷有客人來訪秋山木工，弟子們就當著客人的面，背誦「匠人須知三十條」。

實際上，秋山木工的弟子們，每天都要背誦三、四遍「匠人須知三十條」，八年下來就有一萬遍了。如此反覆背誦，在不知不覺間，就會按照「須知」去做了。

一段文字如果只讀一遍，或許很快就會忘掉，但如果反覆讀上一百遍、兩百遍，就一定能夠牢記。每天每天反覆背誦，文字就會進入意識深處，變成我們的血肉。一旦達到這個境界，我們就能不假思索地脫口而出，並且化為實際行動。

如此一來，當我們遇到困難和突發事件的時候，就能不自覺地參照「匠人須知三十條」去應對，讓自己處變不驚。只有做到了這一點，才能算是真正學到家，這樣大部分的問題都能夠迎刃而解，和師傅我與前輩們一起工作時，自然就能完成超出客戶期待的產品。

禮儀、感謝、尊敬、關懷、謙虛……這些做人最重要的事，教育的基本，全都濃縮在這套「匠人須知三十條」中。

職人工具

鉋刀

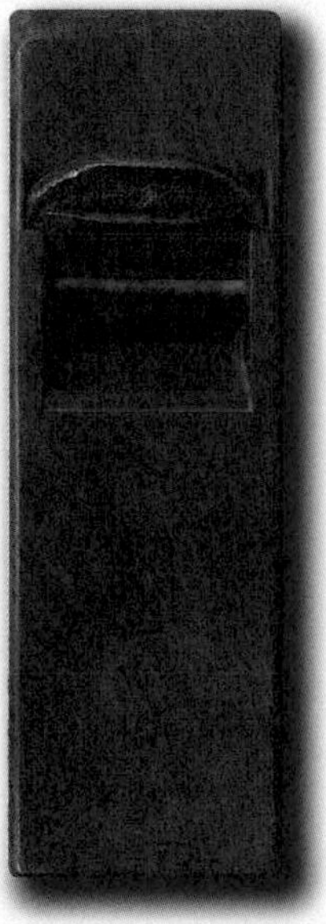

我從十六歲開始使用的這把鉋刀，花完我從師傅手裡領到的第一筆工資一千五百日元。我曾經使用這把鉋刀連續刨了一週的櫻花木，櫻花木的質地堅硬，沒有很大的腕力是刨不動的。剛開始因為不習慣，鉋刀老是不聽使喚，因為沒辦法只好將它綁在手上。我花了好幾天的時間，才掌握身體連同鉋刀一起推動的竅門。

要熟練使用工具，你必須親自去操作。只有反覆練習、直到覺得刨刀彷彿長在手掌上一樣，能夠巧妙運用自如時，才算是真正學到家。當然，全神貫注也很重要。當你氣沉丹田，往肚臍方向用力拉鉋刀，耳畔響起「嗖」的刨花抽出聲時，你會覺得眼前的木頭紋理、手感和木香都格外誘人。

「匠人須知三十條」

匠人須知

一

進入作業場所前，必須先學會打招呼

——好的打招呼方式是要讓人由衷微笑。
積極地與人打招呼，可以活躍周圍的空氣。

給人留下的第一印象的好壞，取決於見面瞬間的打招呼。成為一流匠人的第一步，便是要有元氣地大聲與人打招呼，對方自然也會笑臉相迎地回應。工匠的工作是透過自己的產品來感動顧客，如果不能好好地與人打招呼，那無異於去工作現場時忘了帶工具，是不可能贏得客戶信賴的。

打招呼時眼睛向下看，嘴裡隨便嘟噥一句「早安」，這也是不行的。如果對方只有湊近耳朵才能夠聽清楚你說話的聲音，那只會讓人覺得費勁。所以要反覆練習，直到你能熱情地看著對方的眼睛，聲音洪亮、完整準確地與人打招呼為止。

起初與人寒暄時，可能還是做得不夠好，但只要全力以赴練習一個月，就能做到完美的打招呼。一個能夠熱情地與人打招呼的人，也一定能夠熱情地與人交流。

二

進入作業場所前，必須先學會聯絡、報告、協商

資訊共用，能夠讓自己和周圍的人都順利進行工作，也能讓大家放心。

「聯絡、報告、協商」，是一名員工進行工作的基本條件。經常進行「聯絡、報告、協商」，可以確定自己在目前的工作中所承擔的職責，不僅能讓發號施令者放心，要是出現問題，也能夠迅速加以應對。

「聯絡」：要直截了當，及時進行。

「報告」：要具體、準確，避免使用「相當」、「大概」、「不久」這類模糊詞語。

「協商」：是在問題發生時，準確抓住問題的關鍵點，迅速找人商量。

當工作上出現問題時，禁止任意判斷解決，因為工作並不是憑個人好惡去做的事情。自己擅自處理，往往會把問題擴大。

在秋山木工，如果發現問題，會馬上採取解決措施。看到我們快速處理問題，客戶通常會很高興地說：「交給你們真是太好了！」像這樣讓客戶放心，是非常重要的事。

三

進入作業場所前，必須先是一個開朗的人

——一個人始終保持開朗、樂觀的心情，他的周圍也會變得明亮、愉快了起來。人們都向身邊聚集，訂單也自然就來了。

我一直堅持讓聲音洪亮、性格開朗的年輕人進入我的工房。那些板著臉、性格陰鬱的人，只會讓人有所顧慮。一個人若擺出一張臭臉，就算不上美女或帥哥了。讓周圍的氣氛變得沉重、不愉快，往往只是一瞬間的事。

只要作業場所有一位工匠板著臉，勢必氣氛低沉，導致工作效率低落。所以，要學會控制自己的情緒，保持一種良好的精神狀態，這件事也同樣非常重要。不過，要讓周圍的氣氛變得富有生氣、充滿活力，這可不是一件容易的事，即使投入全部精力也不一定能夠做得到。所以，我總是主張保持頭腦簡單點，不要瞻前顧後地考慮太多。

試著放棄自尊和矜持，讓自己「變傻」一次。「變傻」的關鍵，是要坦率、謙虛，騰空腦袋，聽別人說話，看別人做事。這樣一來，我們才能帶著感恩的心，以笑臉回應對方：「是的，我明白了！」

只要我們懂得「變傻」，保持開朗、樂觀是很簡單的。

四

進入作業場所前，必須成為不會讓周圍的人變焦躁的人

透過感受現場的氣氛，站在別人的立場來考慮問題，並且如實付諸行動，也能提升自己的品格。

那些讓周圍的人變得焦躁的人，多半是習慣以自我為中心、不會考慮別人感受的人。總是優先考慮自身利益、從不站在他人立場上為別人著想的人，是不可能關心顧客的。

工匠製作產品是為了別人，而不是為了自己，所以這種人並不適合當工匠。替他人著想可能會很累，但只要我們習慣了這麼做，就會發現沒有什麼事比這更能讓人開心的了。

為了取悅對方而使出渾身解數、拿出自己所有的看家本領時，一定能夠感動對方。同時，自己也會因此而非常感動。只要嘗過這種感動的滋味，自然就會更想為別人付出。

要學會感受現場的氣氛，站在別人的立場上考慮問題，然後付諸行動。如果一味堅持自己的立場、強詞奪理，別人就會敬而遠之。本著坦誠的心，並且持續努力，就能提升自己的技術和品格。

五

進入作業場所前，必須要能夠正確聽懂別人說的話

——正確理解指令內容、如實執行，也能提升自己的品性。

為客戶提供超過原本預期的優質產品，是一流匠人的職責所在。要達到這項目標，就必須養成正確傾聽他人說話的習慣，我稱為「傾聽訓練」。

在日常生活中，如果你想取悅對方，自然就會認真傾聽對方說話。如果能養成認真傾聽客戶說話的習慣，了解對方的成長背景、文學、歷史、專門領域的知識，以及興趣、嗜好等，那麼就能做到正確傾聽。能夠正確傾聽，才能夠掌握正確的事物。

如此反覆累積，就能提高理解各種客戶的能力，對方也會認為「這個人明白我的意思」而感到放心。無須對方詳細說明，就能夠明白對方想說什麼；無論客人多麼有名，也不會感到畏懼。到最後，就能在和對方相談五分鐘後，就知道要怎麼做才能讓對方驚喜，並且成為一個能夠真正了解客戶需求、可以乾淨俐落完成任務的工匠。

六

進入作業場所前，必須先是和藹可親、好相處的人

——一個和藹可親的人，周圍的人必定非常樂意讓他服務。

據我所知，一個整天繃著一張臭臉的工匠，工作也做得不好；自以為了不起的人，也稱不上一流。

即使忙碌仍然保持親切的態度，並且能夠全力以赴應付眼前的問題，才稱得上是一流的匠人。

不管是挨師傅訓斥或責罵，只要笑著誠懇表示感謝，就能夠得到師傅的教誨。如此一來，工作當然就能不斷進步。

用親切的態度面對客戶，如果對方感覺良好，當然願意繼續讓你服務。同樣地，用親切的態度對待夥伴，大家的集中力就會提高，並且想出好主意，能在短時間內獲得極大的成果。

此外，上司也願意帶和藹可親的人去各種場合，如協商會談、講習會、演講及美術展等，因此變得有機會和各種人士見面。只要態度誠懇、親切，就能夠獲得成長。

匠人須知

七

進入作業場所前，必須成為有責任心的人

——盡責工作必然產生緊張感，這樣就能集中心力工作，也能提升自己的技能。

如果不認為所有的結果都是自己的責任，就無法體會到感動和喜悅。

負責任的行為，是指一旦出現問題，不會逃離現場；無論是多麼細小的問題，都不會含糊敷衍。愈是困難，愈是認真面對，並且堅持到底。有責任心的人，會把周圍的人的差錯，全部當成自己的責任。從物件的配置到全面掌握狀況，這樣一來便無處不是責任。

不過，過分逞強卻是要不得的。不了解自己的能力水準而胡亂扛責任，這樣只會導致意外事故。如果為了提升自己的聲望和地位任意妄為，這樣只會給周圍的人添麻煩。

我常說：「要帶著一〇一%的責任心。」比起全力以赴的一〇〇%，多使出一%的力量來面對事物。只要如此堅持下去，一旦遇到難題，必能擁有足以衝破難關的一流能力。

如果是自己責任範圍內的事情，無論好事、壞事，在全部承擔下來、妥善處理的過程中，將被賦予更多的重任，也會提升品行。

八

進入作業場所前，必須成為能夠好好回應的人

——無論明不明白，都要明確表達出來，這樣才能避免錯誤發生。

秋山木工對於「回答」的規定是這樣的：徒弟們在回答我或師兄的工作指示時，要說：「是，明白了。」但在回答客戶的要求時，則必須說：「是，明白了。請交給我來辦！」

總是精神飽滿回答「是」的人，一定是個積極、有準備的人。想成為專業人才，平時就要進入戰鬥模式，並拿出一〇一%的努力，否則成不了一流人才。

不能迅速回答的人，工作也是馬馬虎虎；回答敷衍搪塞的人，更不可能熱情工作。無法明確表達意思、回答含糊的人，往往會在事後引發問題，導致爭論「說了」或「沒說」等情況，結果歸咎於「說明不夠」而造成現場一片混亂。

一流的匠人，回應的方式也必須是一流的。為了做到這點，就得豎起「傾聽之耳」，認真傾聽對方所說的話、充分理解。完整恰當的回答，是準確無誤製作產品的第一步。

匠人須知

九

進入作業場所前，必須成為能為人著想的人

——設身處地為對方著想再行動，這是很重要的一件事。

能否站在對方的立場上考慮問題？沒有關懷他人之心，就無法成為好工匠。比方說，在餐館思考要點什麼菜色時，如果讓店員一直站在旁邊等，就是一種不體諒對方的行為。並不是「付錢的就是大爺」，這種行為不僅對店員來說很失禮，也會讓周圍的人感覺不舒服，遑論談什麼好人品。

這種人品不佳的人，無法成為一流的人才。所謂「一流」，是無論在什麼場合，都能夠設身處地為對方著想。

鉋刀和鑿子如果經常保養，就會變得順手。相反地，如果不關心自己使用的工具，受傷的也是自己，報應終究會回到自己的身上。

一個不為他人著想的人，是做不好工作的。

任何時候都要為對方著想，甚至更甚於為自己著想。行動時，不是考慮自己是否方便，而是要配合對方。一個為人著想的人是受人歡迎的，能夠處處為別人著想、心地美麗的人，他的工作必然能夠打動人心。

匠人須知

十

進入作業場所前，必須成為「愛管閒事」的人

——如果是為了對方好，即使得罪人，該說的話也要說，這點很重要。

所謂「愛管閒事」，就是對方沒讓你做，你卻去做的事。但如果是出於為對方好，而且真的覺得有必要做的話，那就不是「多管閒事」。

最近看到有些人身為主管，卻不管部屬，或者明知部屬犯錯卻放任不管，還有人在別人遇到困難時，一副漠不關心的態度，像這樣不關心別人都是不對的。

每個人都有能力，但有些人如果沒有人反覆「愛管閒事」、訓斥他，他的能力就無法發揮。所以，我總是不厭其煩一百次、兩百次地管徒弟們的「閒事」，直到他們察覺為止。在秋山木工，前輩如果不管後輩的「閒事」，他們就不能被當作師兄。

比起被管的人，管別人的「閒事」，需要更多倍的心力和勇氣。如果不是經常盯著對方，還難以保證「閒事」管得恰當，所以需要花費許多時間。

如果能以感激之心看待別人的「愛管閒事」，這樣的人就能夠獲得成長。

十一

進入作業場所前，必須成為執著的人

——技術和人品不予設限，持續追求更高境界，這件事非常重要。

想要達到一流的工作水準，就要不屈不撓地跟著上司或前輩們學習。

即使被否定，能否說出「請讓我再試一次」？如果正面進攻不行，就要拚命糾纏、想辦法，找出讓對方指導的方法。

所謂「執著」，就是對事情「不放棄」；所謂「不放棄」，也是一種「思想的深度」。反覆嘗試各種辦法，不屈不饒地堅持做下去，直到做好為止，這是成功的最務實做法。中途放棄就是失敗，不放棄就能成功。

人如果不滿足於現狀，持續追求更高境界，就一定會變得執著。不斷地自問：「要變得如何？」就能開啟自身無窮的潛力。

「一遍又一遍，堅持完成一件事的執著」，「專心致志，持續做一件事情的執著」——正是這份「執著」，成就一流。

十二

進入作業場所前，必須成為有時間觀念的人

——時間永不停息，要緊的是思考自己現在能做的事，不浪費每一瞬間。

總是在意時間的人，一定也是走在前面的人。

時間並不是永遠都用不完，從出生那一刻起，人就一秒一秒邁向死亡。如果能夠意識到這件事，我們就不會再無憂無慮。

一個人的學習時間也是有限的，但如果能以兩倍的速度學習，就能在一年內獲得兩年的成長；如果能以四倍的速度學習，就能在一年內獲得四年的成長。一天二十四個小時，都是我們自己的時間，沒有多餘的時間出神發呆，一秒鐘也沒有。

想「從工作中學習」，就要非常認真地過好每一天。唯有對每件事全力以赴、從不後悔、堅持到底的人，才能成長為一流的人才。那些認為「只是一天」、「只有一個小時」、「才一分鐘」、「一秒就好」沒關係而不懂珍惜時間的人，並無法成長。因為這些「僅僅」累積起來，就變成巨大的差異。

珍惜時間的人，會隨時做好投入工作的準備，所以總是能夠遵守時間，信守承諾。

十三

進入作業場所前，必須成為隨時準備好工具的人

——工具配備得整齊完善，就可以馬上投入工作。此外，工具是幫助我們一輩子的好夥伴，收拾整齊是對它們表達感謝的方式。

「會好好做事」的工匠，總是第一個進入作業場所，做好各種準備工作、預備好自己，在工作結束後也會收拾整理完畢才離開。

工具必須保持隨時可用，而且處於最好的狀態中。由於隨時都準備好投入工作，所以可以馬上啟動，使出一〇一%的力量。

一天不檢修保養工具，那天的工作就會受到影響。如果沒有妥善檢修工具，就無法勝任精細的工作，不僅浪費了很多時間，還可能會一直受傷。

如果懂得愛惜工具，工具也會助你一臂之力。當你愛惜工具，就會相信工具，動作自然就會變得靈敏，也能妥善完成手頭工作，而這些工具也更經久耐用。在我的工具箱裡，就有好幾個用了五十多年的鉋刀和鑿子。

如果每天都將工具檢修收拾得很整齊，一到作業場所就能馬上看出需要用到什麼工具，並且很有規劃地進行工作。

如果能像使用自己的手腳一樣使用工具，這樣的人就能成為一流的匠人。

十四

進入作業場所前，必須成為很會打掃整理的人

——收拾打掃是工作的最後一道程序，直接影響到下次工作的展開，所以很重要。

擅長打掃的人，也一定擅長工作。打掃工作有九成是收拾整理，將不要的東西整理丟掉，把身邊需要的工具擺放整齊，提前做好這些非常重要。最後，才用掃帚掃除垃圾和灰塵。

若能做好打掃工作，就能更好地呈現自己製作的家具。一件家具無論製作得多麼精良，如果很髒地送到顧客那裡，對方一定不會開心。要確認拉開門後或抽屜內，是不是還有殘留的木屑？不止表面，裡面是否也擦乾淨了？要不留一絲污點，以最好的狀態送到客戶手中，這件事非常重要。

如果自認為已經打掃乾淨了，但看起來卻不是那樣，這是因為未能掌握正確掃除方法的緣故。

要讓身體記住打掃的方法，必須進行徹底的訓練。每天早上，從打掃門口做起，接下來打掃廠區、宿舍、廁所、機械、車輛，就像為自己洗澡一樣，把這些地方用心清掃一遍。

如果懷著感激之情、帶著慰勞的心去做掃除工作，便能培養自己的心性。僅僅透過掃除，也能提升我們的技術和品格。

十五

進入作業場所前，必須成為明白自身立場的人

——重要的是明辨自己當前的立場，想好應該做什麼，然後立即付諸行動。

忘記自身立場而不肯付出努力或心懷不滿的人，將無法掌握重要的技能。相反地，能明瞭自己的立場且努力貫徹的人，領導者看見了一定會伸出手來援助。師傅的立場，就如同戰國時代的將軍，即使自己想要動手也得忍住，必須掌握整體狀況、發出正確指令，防止浪費或執行得不徹底；而工匠的立場，則是迅速、正確地執行上級的指示。

師傅和工匠的立場是不一樣的，如果彼此堅持各自的立場，就能完成高水準的工作。不過，對兩者來說，客戶是訂購物品、委託製作的人，在這點的立場上是一致的，所以必須同心協力為客戶效勞。

人的立場有很多種，如果不斷地思考自己應盡的本分，自然就能夠理解對方的願望，進而明白應該怎麼做。換言之，了解立場能夠培養出一流的人才。

十六

進入作業場所前，必須成為能夠積極思考的人

——總在思考今後要成為怎樣的人，無論遇到什麼問題都能夠積極面對，這樣的人一定能夠成長。

人，只有在面對自己真正想做的事，才能夠確實完成那件事。「……年後我將成為一流的選手！」如果能像這樣，把未來的自己鮮活地描繪出來，那麼它將成為事實。

要是出現困難，那也是為了提升某個人的能力而出現的挑戰。對那些自認為無能為力的人，困難的磨練，是要幫助他相信自己的基因，因為每個人都是帶著某種能力的基因誕生的。

往前數前十代到約三百年前，會有一〇二四位祖先，這其中只要少了一個人，就不會有現在的自己。換言之，活在當下的每個人身上，都帶有決定運氣和才能的基因。

想成為業界的超級明星，你必須不怕吃苦，一〇一%地發揮出自己的能力，面對難題、提升自我，為社會也為了他人而活，這才是作為一個人最大的樂趣。大多數人發揮出來的才能，都不到自己擁有的千分之一，這真是一種浪費。

如果你想發揮出自己最大的潛能，那麼無論在什麼時候，都要保持明朗快活、勇往直前的態度，讓自己不斷地獲得成長。

十七

進入作業場所前，必須成為懂得感恩的人

——帶著對周圍人的支持，心懷感激之情採取行動，這點非常重要。

心懷感激，是工匠的基礎。

感謝別人就要說出口，只在心裡想著不說出來，對方就不會知道。

感謝父母、感謝家人、感謝自己的孩子、感謝指導我們工作方法的社長、師傅和前輩，同時感謝給予我們工作的人。

如果心懷感恩，就會想道謝。受到他人誇獎，我們會說「謝謝」以表示感謝。感謝的話語，會讓周圍的人感到溫暖。只有懂得感恩，你的人格才能獲得成長。

之所以忙碌，是因為別人提供你很多鍛鍊的機會，所以你要感謝。只有懂得感恩，你的技術才會進步，才能躋身先進者的行列。

即使挨罵或遭受挫折，感恩能夠讓我們變得謙虛。無論最後的發展是好是壞，能對所有事物心懷感恩的人，就是能學到很多東西、持續成長的人。

十八

進入作業場所前，必須成為注重儀容的人

——不修邊幅的人，他的思想也一定很混亂。作為一個社會人士，更為了工作安全，儀容非常重要。

注重儀容及儀表，是作為社會人士最基本的禮儀。身為工匠，把自己從頭到腳整理得乾淨、整齊之後再去作業場所十分重要。秋山木工的工匠和學員，每個人都穿統一的工作服，胸前繡著工房名和自己的姓名。每個穿著工作服的人，都是代表秋山木工的臉孔。

每去拜訪客戶的時候，必須準備一雙白襪子，在進門時換上。這是為了讓客戶心情愉快地接納我們，自己也不用擔心腳下，能夠有自信且安全地投入工作。和顧客道謝或致意的時候，要做到姿勢端正、語調明快清晰。

如果身穿髒兮兮的工作服，或是隨便席地而坐，可能會讓客戶感覺不舒服。這樣的話，即使是好不容易完成的工作，也全都白費了。

只有把自己打理得乾淨俐落，行為舉止得體，才能成為他人認可的工匠。

十九

進入作業場所前，必須成為樂於助人的人

——經常想著身邊的人需要什麼，並且採取行動，這點很重要。

所謂「助人」，是指在看出對方需要什麼之後，預先採取行動、提供對方需要的幫助。一個關心別人、行事認真的人，眼裡總是能夠發現別人看不到的東西，對於培養這項能力的過程，我稱為「超能力訓練」。

別人叫了才採取行動的，是下下策；模仿別人的行動去做，是中策；不等別人叫，自己意識到並且採取行動的，是上上策。

當看到師兄正在尋找什麼的時候，如果師弟能夠及時遞上需要的工具，工作就能夠順利地進行下去。即使顧客沒有特別說明要求，但你也能非常周到地為對方想好很多事，那麼對方一定會非常驚喜。

「助人」，就是為了讓工作順利進行而採取的具體行動。如果想做到這一點，就應該搶在前輩之前、搶在老闆之前、搶在顧客之前展開行動，而且要及時、迅速。

成為一個擁有前述「超能力」的人，其實很簡單。首先，要清除頭腦裡的私心雜念，然後看別人做的事、聽別人說的話，再以高度的緊張感，全神貫注於工作中。

二十

進入作業場所前，必須成為能夠熟練使用工具的人

——如果能夠善用工具，就像運用自己的手腳一樣靈活，就能夠製作出感動人的東西。

喜歡木頭的家具工匠，都能夠妥善地使用工具。

握在家具工匠手裡的，是長達一、兩百年樹齡樹木的生命，如果能用這種態度來看待這些木材，決心要讓它們毫不浪費、煥發出更燦爛的光彩，賦予它們名為「家具」的新生命，那麼你就能變得很會使用工具。

手巧的人也許很快就能熟練地使用工具，但正因為學得快，往往會輕視工作而變得傲慢起來。所以，我要求徒弟們進行徹底的訓練。

即使剛開始時手不夠靈巧，經過一段時間的扎實練習，通常就能夠運用自如。只要有心，無論多麼笨手笨腳的人，都能夠獲得成長。不過，在練習使用工具的過程中，只是簡單地一再重複是不行的，必須用心並且全力以赴，否則不會進步。

愈是喜歡木頭並用心練習的人，在練習時就愈快樂，也愈容易進步。自己感動了，就會有所成長；如此便能和工具融為一體，就像刨刀長在自己手上一樣。

擔任工匠，必須付出加倍努力，才能取得一般的成績，了解這點非常重要。

二十一

進入作業場所前，必須成為能夠做好自我介紹的人

——重新認識自我、讓對方了解自己的長處，並講述個人夢想，這點很重要。

在秋山學校，如果不能在一分鐘之內完成自我介紹，就不能入學。

首先，要用二十秒的時間，來介紹自己的出生和成長背景，包括自己的父母、祖父母、曾祖父等祖先和成長經歷。

在接下來的二十秒，再介紹自己到目前為止做過最自豪的三件事，包括學業、技術和自己找到的天職等。

最後的二十秒，則是介紹自己的人生目標和夢想，說說自己作為一個人、一個家庭成員、一個領導者，以及一個日本人要做的事。

所謂的自我介紹，其實也就是重新認識自己。透過介紹現在的自己，帶給聽者感動和鼓舞。

進入秋山木工的目的是什麼？希望成為什麼樣的工匠？這幾點必須非常明確。除此之外，還要在心裡清楚勾勒出未來的願景，想想一個月、一年乃至四年後的自己會是什麼模樣，這點非常重要。

能夠像這樣清楚扼要地做好自我介紹，就能夠全力以赴往前衝，即使遇到困難也不會屈服。

二十二

進入作業場所前，必須成為能夠擁有「自慢」的人

——為顧客花費多少心思、做出什麼樣的東西，能夠說明這些很重要。

對一名工匠來說，學會「自慢」的本事是很重要的。

向客戶交貨的時候，要誇誇自己製作的家具，例如使用的是什麼地方產的哪種木材，以及為了讓家具和擺放空間協調、花費了多少心思等的。但在說明時，盡量不使用專業術語，而是要說得簡單、易懂，把重點清楚說出。

不過，「自慢」和「自大」，是完全不同的兩碼子事。

「自慢」，是為了讓對方了解自己所做的家具優點而進行的介紹，要能夠打動對方的心、讓人感動；而「自大」，只會讓客戶感到厭煩。

「我們拚了命在做」、「大家都全心全意工作」等，都是很棒的「自慢」用語。說話謙遜、語帶保守似乎是一種美德，但其實不是。如果說明時沒有信心，能使對方感到滿意嗎？絕不能讓客戶不放心。若是一流的匠人，在面對客戶時，必須要能夠專業、流暢、得體地說：「怎麼樣？很棒吧！」

二十三

進入作業場所前，必須成為能夠好好發表意見的人

——重要的是分享各種想法，以便創造出更好的產品。

我認為，十個工匠若能有十一種意見，便是好事一件。

有一種是「為了成為一流，大家都發表意見」的團隊；另一種是「看起來很自由，但大家什麼都不說，任其發展」的團隊。結果，哪種團隊更能夠獲得成長呢？

在秋山木工，為了成為一流的匠人，每個人都互相幫助、互相學習。

如果是自己做得很好的事，就向同事「自慢」一下，同時也要樂於傾聽同事「自慢」的事。要是從這個同事聽到有益的話，就馬上轉告別的同事，只要看見一流的好東西，也會立刻告訴其他人。像這樣，把自己的進步傳達給其他人，是很重要的。此外，雖然直接表達自己的意見，也不會因此吵架，這是因為大家都抱持著追求真理的態度。很多人為了避免人際關係上的風波和糾紛，總是抱著無所謂的態度，結果既學不到東西，也無法獲得成長。

一流的匠人，能夠說出「如果是我，我會這樣做……。」即使被人恥笑也不介意。只有坦率地說出自己的意見，與人建立連結、為人接納，自己才會不斷地壯大。

二十四

進入作業場所前，必須成為勤寫書信的人

——透過自己的文字來表達感激之情，更能傳達自己的想法。

勤寫感謝信，是成為一流匠人的基本條件。寫信可以表達自己的感激之情，不知各位讀者在一個月內發出多少封感謝信？

我所認識的成功人士都是勤快的人，無論多忙，必定在當天寫好感謝信；因為過了這段時間，就變成一項疏忽而且沒有價值的東西了。

對於父母、老師和朋友，應該養成經常寫信的習慣。向自己最親近的人表達謝意，不僅能取悅他們，也能獲得對方的好感。

表達感謝的言語，能夠讓對方的心情變好、心中充滿溫暖；這樣一來，自己的心情也會跟著好起來。

寫信應該避免不必要的繁文縟節，不必使用硬邦邦的詞語，只須向對方表達抽空閱讀來信的感謝之意。如果用認真的態度去寫，自然就能夠用自己的話，寫出傳遞心意的文章。

遇到婚喪喜慶的祝賀、慰問時，也盡量不用固定格式，而是用自己的話來表達心意，因為沒有人喜歡看抄來的老套文章。在寫這些文字的時候，一定要帶著真實情感，讓它們發揮出良好的功用。

二十五

進入作業場所前，必須成為樂意打掃廁所的人

——透過洗刷最髒的場所，來磨練自己的心志。

工匠的首要條件是謙虛。一個人無論多麼有才能，如果傲慢自大，都無法為他人帶來幸福。而讓人變謙虛最快的捷徑，就是打掃廁所；無論是多麼髒的廁所，只要認真打掃，都能把它變得像新的一樣乾淨。

人也一樣。在剛出生的時候，如同一張潔淨的白紙，隨著年齡增長，漸漸學會了怨恨、嫉妒和傲慢，心靈充滿污穢。如果能夠完全清除這些污穢，就能夠回到純淨的心。人在剛出生的時候，沒有人會充滿私欲；模範生也好，性情乖僻者也好，人心的本質是一樣的，都是美好的。

所以，對工匠來說，和私欲戰鬥、約束自己非常重要。有美麗的心靈，才能夠做出美麗的東西。只有揚善去惡，才能愈來愈接近一流。

只要活著，每天都要使用廁所和心靈，所以污染是不可避免的。因此，要認真、細緻地進行掃除，連看不見的地方都要打掃乾淨。唯有每天反覆這麼做、不斷累積，我們才能擁有一顆美麗的心靈。

二十六

進入作業場所前，必須成為善於打電話的人

——在看不見對方的情況下，能夠簡潔、易懂地表達自己很重要。

愉快地接聽電話，是對每個社會人士的基本要求。要是基本的電話應答得不好，會直接影響他人對公司的印象。相反地，如果都能愉快地接聽電話，就能夠贏得顧客的信任。

一進秋山木工，我們首先就會進行電話應答訓練。由於電話是只能透過聲音和語言進行溝通的工具，所以要反覆練習，以免說出失禮的話。

接聽電話最重要的一點，是聲音要保持清亮、快活。在接聽外線電話時，要用愉悅的聲音說：「您好！我是秋山木工的……，一直承蒙關照，非常感謝！」並且清楚應答。接聽電話時，不能讓客戶久等，必須做好筆記，重要的事要重述一遍，讓對方確認。

在對話的過程中，必須避免使用模糊的字眼，而且解說一定要具體、簡單易懂，同時留意措辭禮貌，彬彬有禮地帶著感謝的心來應答。

雖然只是一通電話，但如果言辭含混或態度粗魯，絕對無法成為一流的匠人。即使是在電話前向對方鞠躬行禮，也是沒有問題的。接聽電話時，作一流的自己非常重要。

二十七

進入作業場所前，必須成為吃飯速度快的人

——吃飯也是有方法的，要感謝農民和為我們烹煮食物的人，還要養成不浪費、吃什麼都津津有味的習慣，這些都會影響工作。

在秋山木工，從剛進來的學員到第四年的徒弟和社長我，一共約有二十多人，大家都在一起吃飯。入社第一年的見習生，負責為住在工房宿舍裡的所有人做早飯。因為工匠是一個團體，如果不集體行動就無法展開工作，所以開動和吃完都要在一起，只要有一個人吃得比較慢，就會影響所有人的工作。

吃飯時間就專心吃飯，禁止聊工作以外的閒話，更不能看電視。當大家養成了專心吃飯的習慣以後，吃起飯來自然就快了。

吃飯的同時，對提供食材和做飯的人，要心懷感激。如此一來，對飯菜的美味就會變得敏感，也能形成一種對身體大有裨益的進食方式。

當然，還有禁止挑食。因為如果有人挑食，往後也會開始挑工作、挑人。如果發現有人使用筷子的方式錯誤，或是吃相不佳的時候，我會及時提醒他們改正。飯後餐具的收拾及清洗，大家會一起有秩序地完成。

吃飯時間，也是培養一流匠人的重要訓練。

二十八

進入作業場所前，必須成為花錢謹慎的人

——正確理解金錢產生的過程，懷著感恩的心情用錢，這點非常重要。

秋山木工不使用最先進的機械，是因為便利的工具會荒廢工匠的技藝。想要學習技術，就不能使用會扼殺本領的工具。

年輕時習得的技術，將成為一生的財富。如果技術很高明，即使到了六十歲，仍然可以擔任一流匠人做出精彩的好作品。換句話說，習得一門良好的技術，就如同擁有許多金錢一樣。明白了這個道理，就懂得如何花錢來促使自己成長。年輕工匠用自己掙得的工資去買一把好的鉋刀，就是在投資自己的未來。如果把錢用在只限於一時快活的事物上，那就只是浪費而已。

不要認為師傅和前輩的指點是理所當然的，他們不計報酬，抽出自己作為一流匠人的寶貴時間，來指導做人做事的訣竅，就不該浪費而要心懷感激地學習。

想成為一位作品無可挑剔的好工匠，就必須全力以赴接受訓練，即使滿身大汗、渾身是泥，也要堅持到底。剛開始時，可能需要花費很大一番心力，但現在堅持不懈的努力，可以幫助自己習得一生受用的技術，並且培養高尚的品格，所以這也是對自己未來的一筆投資。

二十九

進入作業場所前，必須成為「會打算盤」的人

——速算可以提高使用時間和材料的效率，也能製造出讓客户滿意的產品。

「讀書、寫字、打算盤」，是匠人的三大基本功。要做到快速、有次序地處理工作，就必須具備心算的能力。

一流的工匠只要看一眼，馬上就知道木材有幾成可用。針對客戶的訂單，也能夠迅速算出需要的材料、時間、人工，還有怎麼做會最有效率等。如果精通心算，就能夠勝任工作，讓客戶感到滿意。

秋山木工有一條「鐵律」，那就是凡是想成為工匠者，至少必須取得珠算檢定三級。我要求學員們必須認真練習，直到能在自己腦中撥算盤那麼熟練地進行加減乘除運算，並且能進行兩位數心算為止。

事實上，如果「會打算盤」的話，就代表擁有多項能力，例如計算得又快又好，甚至勝過計算機。此外，還有遇事不放棄、手指靈活、集中力強、身體和大腦均能保持全速運轉等。換言之，這也就掌握了作為一流匠人所必備的正確性、耐心、縝密性，以及集中力等多項能力，因此能成為可在瞬間做出正確判斷、理解力強的優秀工匠。

匠人須知

三十

進入作業場所前，必須成為能夠撰寫簡要工作報告的人

——用簡單的筆記記錄當天所學，能夠再次加深印象，相當於每天用雙倍心力學習。

秋山木工的學徒們，在每天完成工作以後，都要在素描本的空白圖畫紙上，寫出一天的總結報告。他們透過這種方式，複習當天所做的工作，並預習隔日要做的事情。

報告中當然有成功、做得好的紀錄，也有失敗、挨罵的紀錄，以及改進的方法等。前輩看完後輩的報告會寫上評論，透過這種文字交流，就能明白為什麼會失敗，了解自己挨罵的原因在哪裡。

等到第二天、一週、一個月乃至三個月後，當事人重新翻閱這本筆記，就會對自己的成長狀況一清二楚。如果被指責的地方有所改進，就表示自己的整體水準上升了，確實有所成長。

當一本工作報告寫完後，再附上個人近況，寄給父母、兄弟姊妹、祖父母或恩師看，請他們在報告書上寫下或責備或激勵的溫馨話語，再寄回工房。透過這種方式，我們將學徒們的家人、老師與親戚朋友「拉進來」，一起培養出一流匠人。

當學徒們意識到周圍所有人都支持自己的時候，必然會產生感激之情。有了感激之情，他們就朝一流匠人更邁進了一步。

匠人須知 1　進入作業場所前，必須先學會打招呼
匠人須知 2　進入作業場所前，必須先學會聯絡、報告、協商
匠人須知 3　進入作業場所前，必須先是一個開朗的人
匠人須知 4　進入作業場所前，必須成為不會讓周圍的人變焦躁的人
匠人須知 5　進入作業場所前，必須要能夠正確聽懂別人說的話
匠人須知 6　進入作業場所前，必須先是和藹可親、好相處的人
匠人須知 7　進入作業場所前，必須成為有責任心的人
匠人須知 8　進入作業場所前，必須成為能夠好好回應的人
匠人須知 9　進入作業場所前，必須成為能為人著想的人
匠人須知 10　進入作業場所前，必須成為「愛管閒事」的人
匠人須知 11　進入作業場所前，必須成為執著的人
匠人須知 12　進入作業場所前，必須成為有時間觀念的人
匠人須知 13　進入作業場所前，必須成為隨時準備好工具的人
匠人須知 14　進入作業場所前，必須成為很會打掃整理的人
匠人須知 15　進入作業場所前，必須成為明白自身立場的人

匠人須知16　進入作業場所前，必須成為能夠積極思考的人

匠人須知17　進入作業場所前，必須成為懂得感恩的人

匠人須知18　進入作業場所前，必須成為注重儀容的人

匠人須知19　進入作業場所前，必須成為樂於助人的人

匠人須知20　進入作業場所前，必須成為能夠熟練使用工具的人

匠人須知21　進入作業場所前，必須成為能夠做好自我介紹的人

匠人須知22　進入作業場所前，必須成為能夠擁有「自慢」的人

匠人須知23　進入作業場所前，必須成為能夠好好發表意見的人

匠人須知24　進入作業場所前，必須成為勤寫書信的人

匠人須知25　進入作業場所前，必須成為樂意打掃廁所的人

匠人須知26　進入作業場所前，必須成為善於打電話的人

匠人須知27　進入作業場所前，必須成為吃飯速度快的人

匠人須知28　進入作業場所前，必須成為花錢謹慎的人

匠人須知29　進入作業場所前，必須成為「會打算盤」的人

匠人須知30　進入作業場所前，必須成為能夠撰寫簡要工作報告的人

鑿子

和前面介紹過的鉋刀一樣，這支鑿子也是從我十六歲開始使用。買的時候，刀刃是現在的三倍長，經過不斷地使用、打磨，現在已經變得這麼短了。

在工匠的世界，透過道具可以看出工匠技術的好壞；刀刃的損耗表明了工作量，而刃面的鋒利可以看出熟練程度。

但實際上，要磨出一把好用的鑿子，並不是一件容易的事。所以，年輕工匠們每天都要和工具「較量」，把手弄得漆黑，在過程中掌握操作方法。

道具數量多，也是工匠技術高明的證據。根據訂貨品項和工程來進行調整，花功夫替換刀刃形狀和尺寸；如此一來，便可更快速、更有效率、更完美地完成工作，令客戶滿意。

末章

一流匠人的成長之路

守破離　通往一流的道路

大家聽說過「守破離」這個詞嗎？它的原型來自於確立了日本傳統戲劇「能樂」的世阿彌之教導，泛見於藝術、茶道、武道、體育等領域。

一開始忠實於「守護」師傅傳授的形式，然後「打破」這個形式、自己加以應用，最後「離開」形式開創自己的新境界。所謂「守破離」，正是奠基於師徒關係、通往一流的道路。

我們家具工匠的成長階段，也正好符合這個「守破離」。

首先是「守」。

從跟著師傅修業，「守」就開始了。要模仿作為工匠的心理建設，以及學習生活態度、基本訓練、程序、心得、技術等作為工匠必須具備的所有一切。在這個階段，對於師傅所說的事情，要全部回答：「是，我明白了。」忠實、全力地吸收師傅所傳授的知識。

其次是「破」。

所謂「破」，指的是將師傅傳授的基本形式，努力下工夫變成自身本領的階段。透過一邊摸索、一邊犯錯，在師傅的形式中加入自己的想法。此時，如果沒有堅實的基礎，自己擅加修改也是行不通的。

最後是「離」。

所謂「離」，指的是開創自己新境界的階段，也就是從師傅那裡獨立出來。在秋山木工，工匠從第九年開始獨立，邁向嶄新的道路。

每個人都擁有成功的潛質

所謂工匠的心理建設，就是前面介紹的「匠人須知三十條」，包含了工作的基本要求、態度、心理準備、意識、技術等，這部分包含了「守」的基本內容。

雖說是培育一流的基本法則，但只要各位讀過，就知道沒有一條是特別的，全都是日本人自古實踐的教導原則，全都是父母、祖父母、寺裡的和尚、鄰居的叔叔和阿姨教給小朋友的內容，江戶時代的孩子們也應該都是這樣被教導的。

在我小的時候，父母和祖父母經常對我說：「老天爺在看著喲！」就算沒有人看見，但是老天爺在看著，絕不能做出有違天理的事情，我便是獲得這樣的教導。

然而，現代的年輕人在高中或大學畢業之前，並沒有被教導這麼重要的事情。雖然大人們應該不辭勞苦、好好地教導孩子們禮儀、感謝、尊敬之心這些基本操守，但是卻沒有這樣做，所以有些人才會連最基本的寒暄都做不好，更遑論一流人才，在社會上也不會有什麼貢獻。

能在無意識的情況下，自動按照這三十條守則行動，才可以說「我已經學會了！」如果還一邊思考一邊說「那個……」的話，就算不上已經學會了。

只說一次、只教一次，不大可能馬上就學會，所以我總是認真地傳授學徒。「糾纏不休」、「愛管閒事」、「厚臉皮」，說的通通就是我。

所謂「糾纏不休」，指的是堅持不放棄；「愛管閒事」則是對別人的事情感到興趣、想讓別人高興；「厚臉皮」指的是正面的「貪心」之意。如果我「糾纏不休」、「愛管閒事」、「厚臉皮」地指導學生，一定會有成果。因為大家

秋山木工獨特的研修制度，吸引電視、雜誌等許多媒體的採訪。

都擁有很好的潛質，但這不是用腦子去記，而必須用全身記住。

在每一個修業的日子，對學徒和我來說，都是一場戰鬥。將來能否作為工匠生存？人生就是由這個修業的時期來決定，所以一秒鐘都不能鬆懈。無論在工房或在作業場所的時候，每天二十四小時對我來說，都是一場正式的比賽，都要全力以赴。當然，學徒們也很拚命，所以想逃跑的想法，應該不是一、兩次。

老實說，禁止精力充沛、玩心重的二十幾歲年輕人談戀愛、發手機簡訊，要他們專心一志成為一流匠人，這是非同一般的事情。我們大部分的學徒都在二十歲上下；儘管如此，即使在這段時期全部犧牲個人喜好，日後還是可以重新取回以前放棄的東西。

如果抱持著「我只做我薪水份內的事」、「盡量輕鬆獲得成果」這種省事想法的話，就不會擁有真正的實力。即使看似繞了遠路，但如果能夠忍耐、專心修業，並因此培養出一流的心性和專業技術，在往後的四十年，即使到了六、七十歲，也仍然可以作為一流匠人生活。

在每天的修業中，我們要拿出自己一〇一%的氣力，持續做有益的事情。要不斷地累積經驗，保持開朗的心境，關心周圍的人。

人的精神是不斷地鬆懈的，每個人都希望過得輕鬆、愉快，所以每天的修業是必須的。

只要戰勝自我，每天付出努力，就可以提升自己的心性；無論到哪裡，都可以實現真正的自我。

對高學歷者說「當一次傻瓜」

學會「形式」，並不是一件簡單的事情，所以必須反覆練習，這樣才能忠實呈現那種「形式」。

為了將自己認為非常厲害的人的「形式」，吸收為自己所有而認真照著做，這樣的人是坦誠的。也許聽起來有點奇怪，但坦誠是一項非常重要的「能力」。

精明的人不是這樣，即使覺得厲害，只聽一次就以為自己全都明白了，心裡作想「原來如此」，之後就不再認真聽從了。

匠人的道路不是那麼好走的，如果不能扎實學會形式的話，就無法進入後面的學習階段。

有很多年輕人來秋山木工當見習生，有的才剛高中畢業十八歲，也有大學畢業、稍具社會經驗三十歲左右。那麼，三十歲的人，是不是比十八歲的人成長得更快呢？實際上，有很多情況正好相反。這是因為大學畢業的人，都認為「自己會了」，所以不能坦誠學習。當我說：「照我說的去做」，他們嘴上說：「是，知道了。」但實際上，並沒有照我說的做，心裡想的是「雖然社長剛剛那麼說，但應該還有其他的方法吧？」，或是「和我知道的方法不一樣」、「比起打招呼，我想趕快學會技術」等。就像這樣，他們無法馬上接受我這位師傅的話，而是加上自己的判斷，有時候甚至斷然拒絕我的要求。

而我所能夠做的，就是讓他們明白，原來自己是多麼無知，什麼都不懂。

有一次，我在學徒們在盂蘭盆節休假回家的那段時間，做了一張大桌子。我的設計之精妙，讓他們無法猜出是怎麼做出來的。

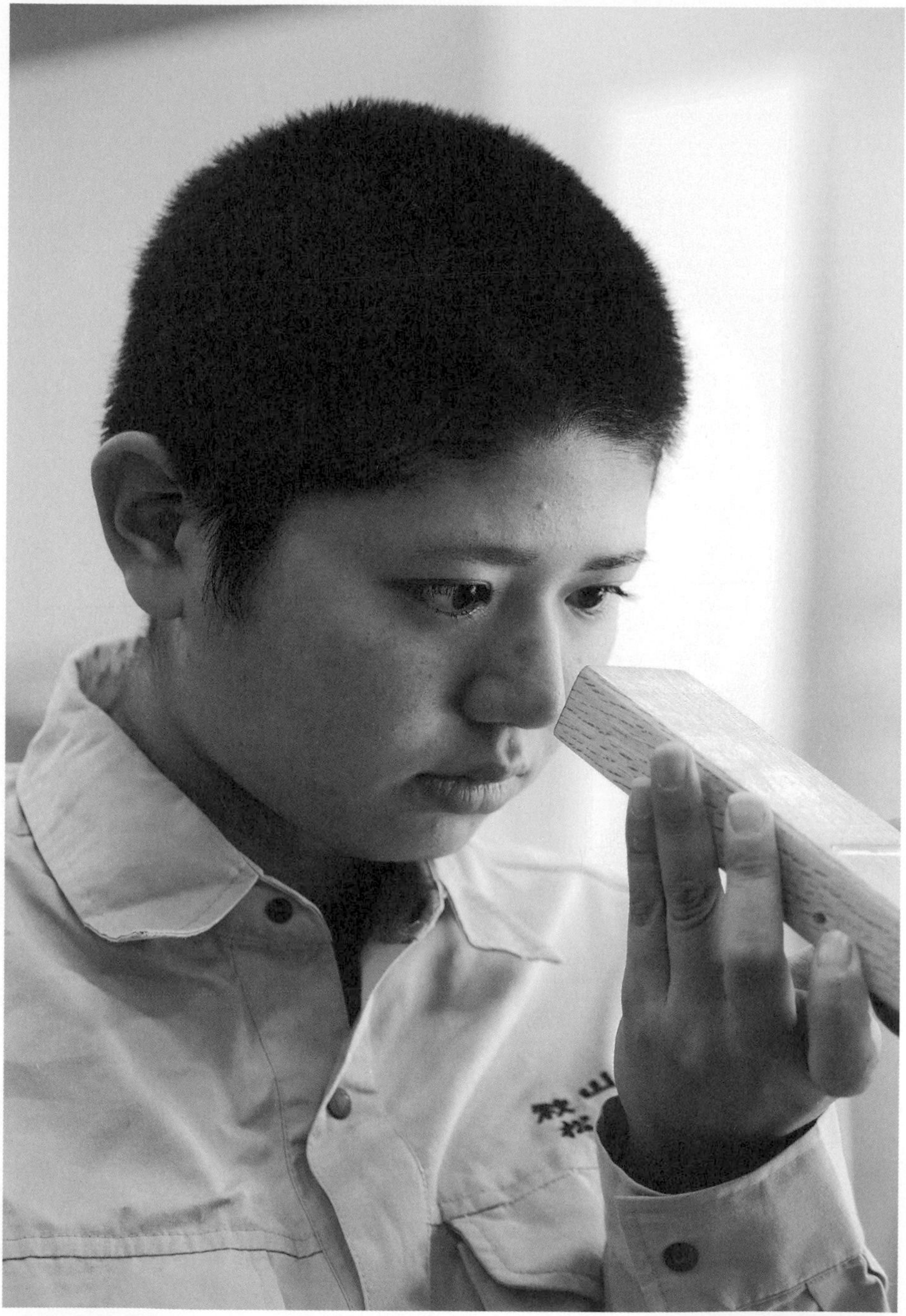

當學徒們回來時，我問他們：「知道這是誰做的嗎？」他們互相看著對方說：「在這麼短的時間裡，是哪個工匠做的啊？」當他們知道是我做的之後，都感到很驚訝。

總之，就是要讓他們大吃一驚，他們才會知道自己是多麼地淺薄。有時，甚至需要花上一年的時間，才能讓他們坦誠地說「是」。而且，愈是出自名校、擁有高學歷的人，需要花的時間就愈長。如果不看學歷的話，在十個新人中，大概會有一個出類拔萃、手藝靈巧的年輕人，這種人常常會認為只有自己能幹，很容易瞧不起別人。

進入秋山木工的，都是想成為我的學徒、成為一流匠人的人。如果是這樣的話，與其想這想那，倒不如試著去做那些師傅說「你試試看」的事。在「守」這個階段，「『不』按照自己的想法做」，正是成長的捷徑。

只有丟掉自己的小小自尊，坦誠、謙虛地當一次「傻瓜」，這樣的人才可能成為一流匠人。

誠摯地打招呼，是成為一流人才的首要條件

在「匠人須知三十條」中，打招呼特別重要，所以我將它放在匠人須知的第一條。

在打招呼的時候，我們要真心誠意地看著對方的眼睛，大聲、清楚地表示問候，這對工匠來說非常重要。請各位想想，你們願意將工作託付給連招呼都不會打的工匠嗎？

我總是說：「我會讓聲音大的、能夠好好打招呼的人，先開始工作。」如果不能好好地打招呼，我也不會帶他去作業場所。

「早安」、「謝謝」、「失禮了」、「對不起」——我們必須學會這些，讓別人聽了心情舒暢，並且不由自主地回應自己。如果你和別人打招呼了，但是對方卻沒有回應，這不是對方的問題，而是因為你打招呼的方式有問題。

在打招呼的時候，如果你自己的臉部僵硬，那麼對方的臉部也會跟著僵硬。如果是陰鬱、沉重的問候，那麼對方也會跟著變得沉重，所以只有先改變自己。

如果想得到對方很好的回應，就必須先開朗地問候，除此之外別無他法。

要是問訣竅，那就是試著喜歡對方。如果你想取悅對方，就會很自然地露出笑臉，神情愉快地和對方打招呼。

但如果因為自己累了，所以問候聲就變小，那就是不體貼了。即使疲倦或情緒不佳，無論什麼時候都能夠保持開朗、有元氣的問候，那便是真正學會打招呼的訣竅。與他人邂逅，也許一生只有這麼一次機會，和客戶的相遇當然也是如此。

在與人相遇的瞬間，如果能夠透過打招呼，讓對方的內心泛起一絲笑容，那就是達到最高的境界了。

要無愧於「木之道」

秋山木工的制服背後，印有很大的「木之道」字樣。所謂「木之道」，指的是為了成為一流匠人的「為人之道」。

穿著制服的每一位，都是代表秋山木工的臉孔。

我們的制服胸前不但繡有「秋山木工」，還有每個人的全名。無論是學徒還是工匠，不僅穿著制服工作，也穿著制服坐電車。

因為制服上有工房名稱和自己的名字，所以會非常注意自己的儀容和舉止。為了不讓別人看到懶散的態度，自然而然會緊張起來，自己也會挺直腰板，保持正確的姿勢。

即使在電車中也絲毫不能馬虎。一大早上班，即使感到很睏，也要好好站立。如果在電車中坐下，就會變得昏昏沉沉，結果也許會靠在鄰座的人身上、給別人添麻煩。背後的「木之道」和繡在胸前的公司名稱和姓名，可以隨時提醒我們約束自己。

像這些一個一個小小的行動，都能提高自己的技術和人品。

不孝順的人無法成為一流

來到秋山木工學習的家具學徒們對父母的感謝，和在家時相比，會有

トーワドリル工業KK

一百八十度的轉變；他們會發現自己以前認為父母的愛是「理所當然的」。以前放學後，父母提供溫暖的家、飯菜、鬆軟的床被是理所當然的，不用洗衣服也是理所當然的。但是來到秋山木工後，做飯、洗碗、掃地、洗衣服全都要自己來，就會明白自己以前是多麼被父母寵愛。如此一來，大家都會非常感謝父母、很想孝順父母，就會深切地理解父母的苦心，深刻體會「原來父母是這麼為我著想啊！」

學會了感謝父母，就會珍惜自己，也會珍惜別人。現在在這裡的經歷，即便是逆境，也會覺得可貴。生命會開始閃閃發光，內心便會湧現出巨大的能量。

不懂得珍惜父母的人，也不會去珍惜沒有血緣關係的客戶。如果對父母沒有感恩之心，便不可能成為一流的匠人。要孝敬父母、要改變自己讓父母吃驚——我認為正是這種信念的強弱，決定了一個人能否成為一流的匠人。

和家長一起齊心協力培養孩子

之前一直在家庭的庇護下成長、隨心所欲的年輕人，一旦被不習慣的團體生活逼入困境，大概不到十天幾乎每一個都會想要辭職。因為見習生每天都要挨師傅我和師兄們的罵，沒有一件事情是符合自己意願的，這種時候他們會先向家人或學校老師說出心裡話，所以父母和老師的合作絕對不可缺少。就算他們和家人商量辭職的事，家人必須不能輕易接受，要為他們加油打氣。在本人說喪氣話的時候，父母是否能聽出孩子內心全部的想法？還是給孩子烙上「你果然還是不行」的印記？又或者能督促孩子，對他說：「自己決定的事情，就要堅持到底！」父母的態度，是非常重要的。

所以在秋山木工，進入工房的時候，不僅僅是對本人面試，也是對父母決心的嚴格面試。無論是在北海道還是在沖繩，我都會親自到家中和父母溝通。在和父母溝通的過程中，我發現有很多父母都認為「我家孩子不行」，這真是令人感到遺憾的事情。

我們和父母的面試，最少要三個小時，在聽到父母說：「已經做好心理準備了，直到這孩子成為『超級明星』，我們不會放棄」之前，我們是絕對不會採用的。這是因為一旦開始修業，沒有比父母更強大的啦啦隊。

在秋山木工的工匠培養上，用素描本寫報告占了非常重要的一環。學徒和見習學徒，每天必須在大開本素描簿上寫報告。在一天結束的時候，總結當天的工作內容和需要反省的地方。可以畫插圖、貼照片等，各人自由發揮。師兄們要在筆記本上寫建議，我做最後的檢查。

經過十五天左右，一本素描簿就會寫完，公司會將寫完的素描簿，分別寄給每個人的父母或老師，報告孩子們每天的工作和成長情況。我會請讀過報告的父母、兄弟姊妹、祖父母或老師，寫上包含熱情鼓勵的話語，再寄回來還給本人。

等所有人的筆記本都寄回來後，我會召集大家開一個報告朗讀會，唸出家人寫的激勵話語。朗讀會開始後，朗讀素描簿的學徒聲音發抖，眼淚奪眶而出。這是之前不懂父母之恩的年輕人，第一次對父母產生感激的瞬間。

父母也會一邊哭一邊讀，不放過任何細節。為了替自己的孩子加油打氣，會努力地寫上自己的鼓勵。當一個人被周圍的人如此期待時，當然不能輕言放棄；一旦放棄，就意味著背叛了父母和恩師的期待。父母也會透過筆記，來了解孩子們的學習情況，大部分都會勸孩子不要放棄。

有時候我也會說：「你先回家，如果父母同意，我就讓你辭職。」但是大多數的情況，都是在一週左右，就回來對我說：「請讓我再試一次。」

讓父母、兄弟、祖父母、老師都參與進來，幫助他邁向成功。

不僅是本人，有了父母和身旁大家的支持，才能培養出獨當一面的匠人。

人生全部都是自己的時間

我們自己可以訂定一個主題，例如「還很不成熟」，這裡我想再請教一下、那裡我想更了解一點，更如何如何等，如此就會產生進步的動力。因為人生全部都是自己的時間，所以應該毫無保留、熱中地投入。竭盡全力的時候，就會

○10日間をふり返って

10日間を思い返すと、あいさつもできない、返事もできない、自分のことで精一杯で、他の人の話も聞けない、自己紹介も職人心得もできないような、だめな人でした。
同期が13人もいて、年齢もバラバラでしたし、不安だらけでした。
とにかく、1日1日が濃くて、長く感じましたが、充実してました。
10日間で、いままでの20年間、一緒にいた、家族へのありがたみも感じました。
いつも、祖父母が家にいて、姉も家にいて、父が帰ってきて、母が作ったご飯を全員で食べることが当たり前でした。でも、これからは、そういうこともないですし、当たり前に感じていて、まともに感謝したこともないですけど、今なら、心からありがとうって言えると思います。

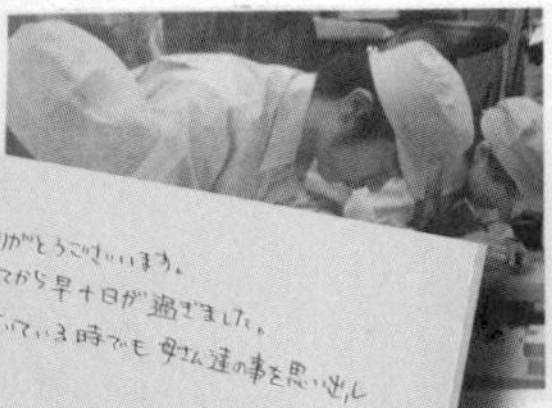

…まで読んで頂きありがとうございます。
…終え、秋山木工に来てから早十日が過ぎました。
…様の文を見、この文を書いている時でも母さん達の事を思い出し
…十日間で、たった十日間だけで同期の皆の団結力が
…13人全員で入学するという目標がはたせず、悔しい思いを
…く動力にし、入る事の出来なかった二人の分まで沢山
…ります。

…ございます。
…めることができなかった事、今になって苦労して、やはり
…ね。そこは反省すべきですね。(実感していると思いますが)
…様子が、レポートを読んで感じ取れるので、とても
…弟子の方々には毎日、こと細かく指導頂いて
…自分の事だけでなく、周りの人々にも気遣いがで
…な事です。周りへの感謝をずっと忘れずに、
…き合えるように頑張って下さい。美羽の
…ています。「本気」になれるものが見つかって
…ございます。これからもよろしくお願いいたします。

…で大事に扱っていただくようお願いします。
…下さい。

…素直に書けませんでした。
…です。
…てもらうこともです。
…ずかしく、くやしく思います。
…るから合格したわけではなく
…す。
…て、丁稚に上がることはできません。
…絶対に忘れず
…ても、と伸びていけるように
…実行していきます。
…試験の準備から始まりしてくださるまで
…した。
…甲斐ない結果になってしまい
…物すら忘れてしまうダメな弟子で
足袋や雪駄という…
申し訳ありません。
今日から本当の学生になりますが、改めて気をひきしめてまいりますので
よろしくお願いします。
同期みなさん、たった10日でも心が折れそうな気がした時もありましたが、
みんなが居たからやれたと本当に心から思います。
次は全員丁稚、を目指して、更に協力していきましょう。
そして秋山社長には感謝は言いつくせません。
ダメなりに本気で取り組ませていただきます。
学生にしていただきありがとうございました。
山口校長、学生にしていただきありがとうございます。
これからもよろしくお願いいたします。
頂きもののお礼も

今までの感謝を忘れずに また今日からがスタートです。
いろんな気持ちがあると思いますが本気でとりくみましょう。

自分が不安になってきたんの…
全員で丁稚になれるように…
清水

僕レベルの持ちまだですが…
…
石塚

今回このような結果
しかし、決って瑞野伊織
は諦める所になったが自
分で分ではない、秋山木工
の学生ではなくなったが、うれしい
仲間に変わりはありません。
2人と他の残った同期、
切磋琢磨していって
下さい

秋山利輝 3/31夜

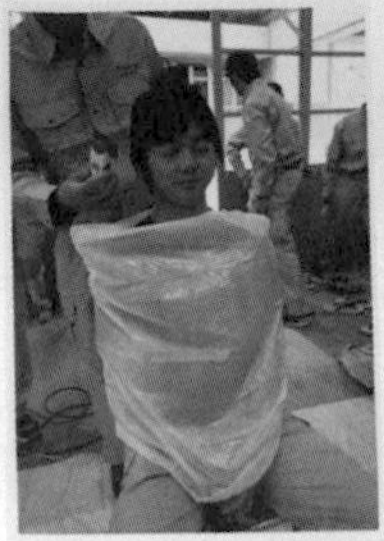
うれしかったです

秋山利輝 3/31夜

入学できました スタート地点に立てま

研修生13名

学生11名

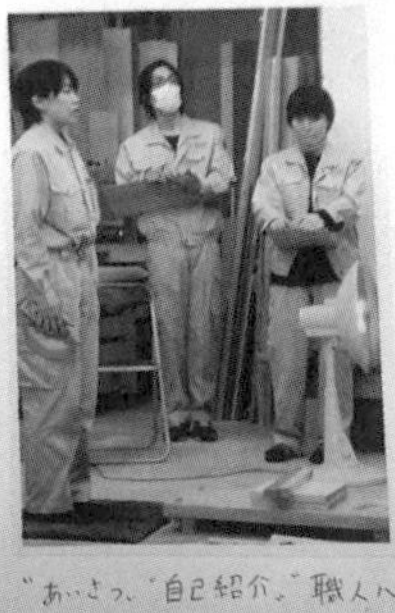

"あいさつ、"自己紹介、"職人心得30ヶ条、のテスト中

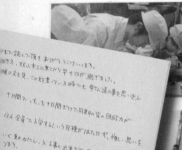

每天都要寫報告。透過寫報告，可以回顧這一天的工作，並思考第二天的目標。

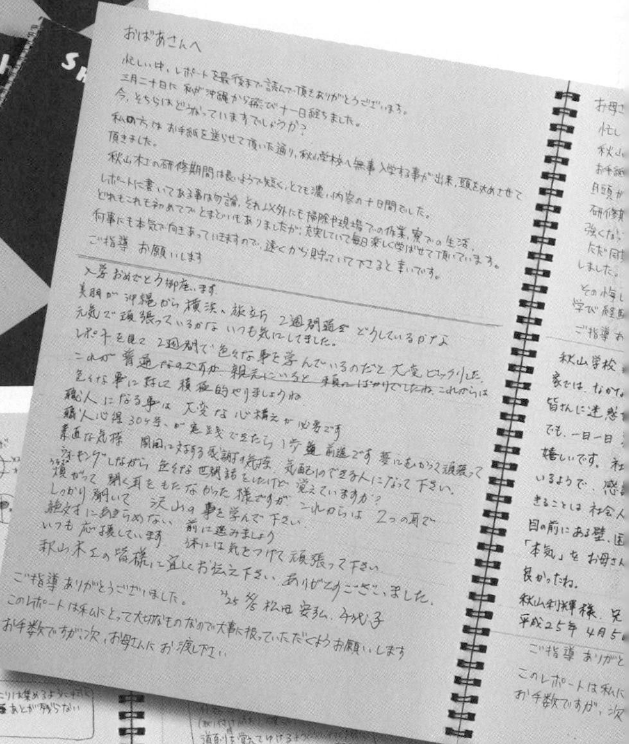

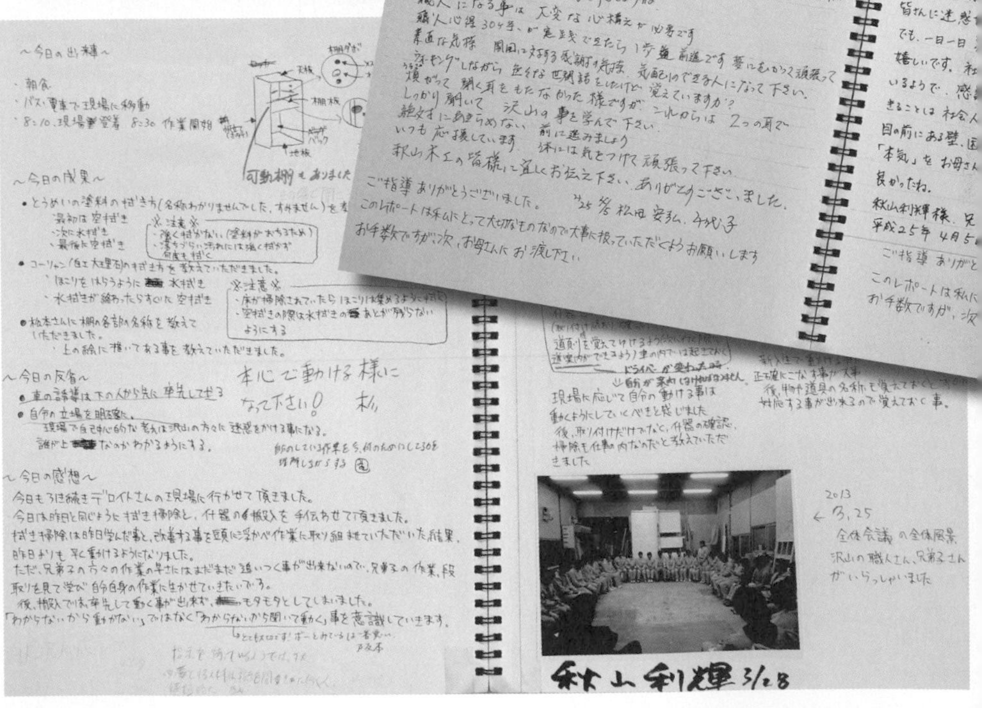

有所感動。

一開始就稍微有點成就的人，可能就此滿足。但只要熱中去做，就連手不靈巧的人，都會持續不斷地進步。

我認為為了成長，最好能夠盡早被「批評指教」。

如果有人問我什麼樣的人會成長，我通常會回答：「即使手不靈巧也不放棄的人」、「有感恩之心的人」，或是「善於接受批評的人」。即使同樣挨罵，成為一流的人，是這樣「挨罵」的：

- 最好是在年輕時挨罵——如果可以的話，最好是在二十歲之前。
- 趁批評的人還有能量時被罵——因為罵人需要比被罵的人擁有十倍的勇氣。
- 最好比其他人早被批評——工作進度超前，可比其他人先遇到問題。
- 不要老是因為同一件事被罵——別人沒那麼多時間理你。
- 被人格魅力高的人批評——被尊敬的人批評會更有效果。
- 趁能指導我們的人還沒有死——他們不會永遠地等在那裡。
- 愈早被批評愈好——早一分鐘都是好的。

• 要因品質高的問題被批評。
• 要知道被罵也要付出代價。
• 與其看著別人別罵，不如自己被批評——自己什麼都不做的話，是不會被批評的。

不過，即使過了二十歲也不嫌晚；現在的你是三十歲、四十歲，也都還不晚。為了將別人批評的東西變成自己的，要檢討自己被批評的水準是不是提高了？昨天和今天是不是因為同一件事情被批評？有這些意識非常重要。

三個月前被批評的事情、一週前被批評的事情、昨天被批評的事情、一個小時前被批評的事情、剛才被批評的事情——為了不忘記被批評的事情，並且確認是不是每天都在進步，素描簿的報告可以幫很大的忙。只要不放棄、專心致志地做事、即使被批評也能感謝的話，實力肯定會增強。人生全部都是自己的時間，而工作就意味著生活。

不是培養「會做事」的工匠，而是要培養「會好好做事」的一流匠人

如果日本的製造業沒有恢復的話，日本在世界上的地位也不會恢復。我想讓日本的製造業重新站起來、讓日本重生。日本人以前擁有的思想和觀點，在最近五十年已經漸漸失傳了。

最近的日本企業都在降低成本，只重視ＣＰ值，所以製造業都轉移到材料費、人工費較便宜的中國和越南。這樣也許能暫時賺錢，但金錢換來的，會不會是日本的人才培養沒落，亦未可知。

不是只堅持自己的權利，同時也為世界上其他人著想，這才是日本人。

磨練這樣的日本之魂，才是通往一流匠人的道路，成為「獨一無二」人才的道路。

日本雖然是島國、資源也很少，之所以能繁榮到現在，是因為重視在世界引以自豪的日本人精神和技術，並一直鑽研至今的緣故。現在還來得及，但如果不找回這個「日本之魂」的話，就會完蛋。我們要繼承日本人一脈相傳的製造

業遺傳基因，不能讓它止於我們這一代。無論技術多麼優秀，但僅僅只有技術，將很容易被超越，而精神無法很快被模仿。如果精神一流，技術肯定是一流。

一流匠人能讓客戶感動，這是非常了不起的。可以做出讓人感動的東西，要有一流的精神才做得到。我並不希望只是培養「技術」優秀、「會做事」的工匠，而是要培養擁有「一流技術」、「會好好做事」的匠人。

為社會、為他人工作，生命將會熠熠生輝

每天都有苦惱的經營者，認真地來找我商量：「人才真的很難培養」、「沒有認真工作的年輕人」等，這時我都會告訴他們：「只考慮公司利益，是無法培養出人才的。」

為社會和人類培養有用的年輕人，是經營者的責任和義務，這是我的想法。但現在認為培養有用的年輕人，是企業責任的經營者太少了；我看到的，都只是在培養忠於自己、有益於自己、可以幫自己賺錢的人才。此外，不訓斥部屬

的主管也增多了，也許訓斥了以後部屬會馬上辭職，也許一出手就會遭到抗議，但如果因為部屬辭職會給公司帶來損失，不想承擔訓斥所帶來的責任，結果便什麼都不做，前輩如果不教育下一代，年輕人就無法成長。

在秋山木工，不訓斥後輩的人，不能從學徒晉升為工匠。後輩在工作上出現失誤卻不告訴他，失敗了也不批評，這並不是親切，而是缺乏愛心。

我在訓斥弟子的時候，都是拚了命的。因為我認為這不只是出於培養工匠的責任，也認為這個人的一生都掌握在我手中的緣故。

我認為結婚和找工作是很類似的，都意味著要對對方的人生負責，雇人也意味著要做好這樣的心理準備。

我的任務是將日本人所有的技術和精神，傳授給下一代的年輕人。我希望可以培養出十個水準超越我之上的工匠。

這十位再培養出超過他們的十位工匠，如此一來，就能培養出一百個「超級明星」的一流匠人。這樣連鎖發展下去，就可以源源不絕地培養出一流匠人。

秋山木工的人才教育是一種「體制」，希望能在各種作業場所和工種中，使

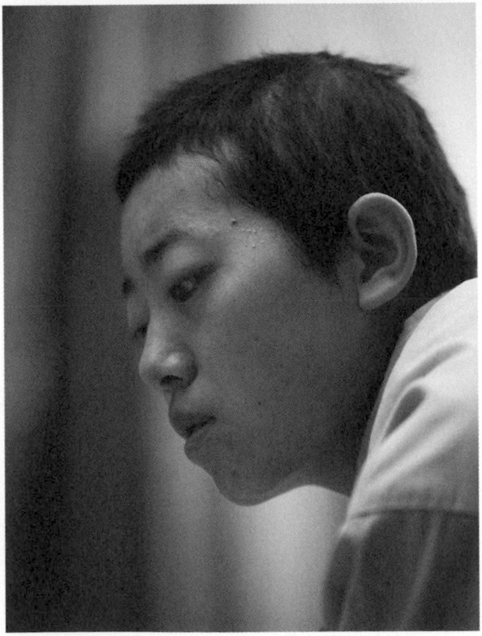

用這套「體制」培養出獨當一面的一流匠人。

平成二十五年，即二〇一三年，三重縣的伊勢神宮，舉行了「式年遷宮」。伊勢神宮每二十年重新建造一次，將神像移到新的神宮中，祈禱神力重新復甦。包括神殿和御門在內，以及各種用具、擺設都是新做的。這些準備工作，都是從八年前就開始，工程規模非常浩大。

「式年遷宮」是從持統天皇時代，即西元六九〇年便開始的傳統儀式，已有一千三百年以上的歷史。同時，它也是技術傳承的重要「體制」，困難的技術可藉由二十年一次的儀式傳承給下一代。

我們每個人都從上一代繼承技術，然後再傳給下一代。希望大家明瞭自己肩負的使命，大家都是被揀選出來的，各自有自己的職責。

如果每個人都踏實、勤奮地完成這項使命的話，我們的人生肯定會無限精彩。我們日本也會變得美麗且充滿歡樂，成為讓世界憧憬的國家、憧憬的人們，並很快成為世界的領跑者。

結語
給各行業的匠人

今年，我迎來自己的古稀之年。回首過往，支持我長達五十四年工匠生涯的，是年輕時所學會作為工匠的素養。根據自己的親身經驗，我從三十多年前，開始將作為工匠的基本素養傳授給弟子們。經過幾番曲折總結出來的，就是在這本書中向大家介紹的「匠人須知三十條」。

提起家具工匠，也許大家會認為這是特別的職業，但在我看來，任何工作的人手中都有一項「技能」。不光是我們家具工匠，那些商務人士、做買賣的人、學校老師、醫生、農民，世上每個人都是手中握有「技能」的專業人士。

無論在哪個行業，想要成為一流的人才，只有相信自己的能力，一邊揮灑汗水、一邊鍛鍊自己的實力，除此之外別無他法。

為了最大限度發揮自己的能力，基本功是必須的。如果基本功不扎實，就無法加以應用。所以，重要的是在年輕的時候，在精神和身體兩方面打好扎實的基本功，好讓自己無論什麼時候都不走偏。

曾是活躍在棒球場上的巨砲、讓無數人感動的長島茂雄和王貞治，都是在誰也看不見的地方，一邊揮灑汗水、一邊不斷揮舞球棒進行練習的。踏實、勤奮不懈、苦練基本功的人，會在不經意間散發出氣場，爆發出令人驚訝的力量——這就是所謂的「超級一流」。

趁年輕時流汗學會的東西，將成為一生的財富。平時不忘反覆練習基本功、不忘初心，肯定能不斷進步。如果可以討人喜歡，肯定能成為一流的匠人。這些思想，都包含在「匠人須知三十條」中。

希望各位讀者也一定要發揮自己的潛能，在工作上勇往直前。請堅持完成現在正在做的工作，透過你所扮演的角色和工作，讓周圍的人開心。願各位的人生，更加輝煌、燦爛、豐富多彩。

平成二十五年五月九日

秋山利輝

國家圖書館出版品預行編目(CIP)資料

匠人精神：一流人才育成的30條法則／
秋山利輝著; 陳曉麗譯.
-- 初版. -- 臺北市 : 大塊文化, 2015.03
144面 ; 15X20公分. -- (touch ; 59)
譯自 : 一流を育てる──秋山木工の「職人心得」

ISBN 978-986-213-594-5 (平裝)

1.木工 2.人才 3.培養

487.3 104002497

守、破、離　修業完畢，出來獨立之後，人生便邁向嶄新的道路，為自己、為他人、為社會工作，生命將會熠熠生輝。

LOCUS

LOCUS

LOCUS

LOCUS